bào lóng
暴 龙

恐龙知识百科

暴龙是体形非常粗壮的肉食恐龙，头部巨大，肌肉十分发达，咬合力惊人；但前肢短小，甚至只有一个成年人手臂大小，它细小的前肢既够不到自己的嘴，也摸不到自己的脚，只能用来保持身体平衡。

霸王龙属于暴龙科，是其中体形最大的一种，体长 11 ～ 14 米，古希腊文称其为“残暴的蜥蜴王”，也是地球上有史以来最大的陆地生物之一。

霸王龙的主要食物是角龙类和鸭嘴龙类这些行动迟缓的草食性动物，因为据全世界众多研究人员的模拟、计算，暴龙恐怕无法实现像电影里那样追逐疾驰的汽车，其最快运动速度应该在 35 千米 / 小时左右，但每一步的跨度可达 4 ～ 6 米。

yì chǐ lóng
异齿龙

异齿龙是二叠纪时期的肉食性动物，因其外貌与恐龙十分相似，故大众常将其误认为恐龙的一分子，其实异齿龙并不是恐龙。在它生存的年代，异齿龙是大型顶级掠食动物，身长达3.5米，因其拥有两种不同类型的牙齿（切割用的牙齿与锐利的犬齿）而得名。异齿龙最明显的特征是背部高大的背帆，背帆可以有效地帮助它控制体温。

恐龙知识百科

有时候，我们会感觉到男人或者男孩有特别脆弱的一面。科学研究表明，Y染色体在进化中一直呈现变小的趋势，所含基因也在不断减少，所以普遍认为相较X染色体更为脆弱。从这点看来，男孩较容易受到伤害，常常出现一定程度的恋母情结等也就更容易被理解了。因此，应当给予他们更多的照顾和关怀。

liáng lóng
梁龙

梁龙非常著名，甚至一度被当作恐龙这个物种的代表，很多博物馆都喜欢将其骨架作为展品。而且非常容易辨认，它有着巨大的体形、长颈、长尾以及强壮的四肢。成年梁龙体长可达27米，体重十几吨，然而它的头部相对身体来说太小了，而且牙齿只长在嘴的前部，并且十分细小，因此它只能吃一些柔嫩多汁的植物。

早期，梁龙经常被人们描绘成高举颈部的巡逻状或者啃食高大树木上的枝叶，但随着研究的深入，科学家们研究其颈部结构发现其并不能过度向上弯曲，且心脏也很难维持足够给头部供血的血压。

恐龙知识百科

通常来讲，孩子在 18 个月左右就会产生一定的性别意识了。他们通过观察周围人的发型、外貌、声音等特点来分辨性别。在不同时间段也会更倾向于接近不同的性别。从这个时候开始，我们就要注意对他们在意的这些特征的处理了，比如，尽量避免涂口红、扎辫子等明显性别区分的装扮出现在性别相反的宝宝身上。

niú jiǎo lóng

牛角龙

“雄性激素”学名睾丸素，又称睾酮，是一种由睾丸或卵巢以及肾上腺分泌的荷尔蒙。它具有增进骨密度、增加肌肉强度、促进精神兴奋等作用。虽然它不是男性独有的激素，但随着其浓度在一定程度上的提升，会让宿主体现出更多的雄性特征，比如，好斗、悍勇、冲动等。

恐龙知识百科

牛角龙是生活在白垩纪晚期的草食性动物，属于角龙科，以巨大的头骨而闻名。牛角龙一般以低矮的植物为食，强有力的喙是咬开坚韧植物的保障。一般来说，牛角龙会有色彩鲜艳的冠饰头盾，当它低下头的时候，头盾就竖了起来，显得它尤为庞大。尖锐而粗大的角是它最有力的武器，即使与大型的肉食恐龙较量起来，也毫不逊色。必须要介绍一点，别看牛角龙的头骨十分巨大，甚至超过人类头骨的13倍，但是它的大脑却很小。

jiàn lóng
剑龙

出生时，男孩体内睾丸素的含量几乎能达到13岁左右的水平，保证了身体各部分快速发育的需要。而数月之后，睾丸素的含量会极速下跌到出生时的1/15左右，并维持这种低含量一直到3岁左右，且这段时期男女孩含量接近。而从4岁左右，男孩体内睾丸素的含量开始迅速增加到之前的2倍左右，之后又会是一段稳定的增长期。

剑龙是生活在侏罗纪晚期的食草性动物，它的背上有17块板状的骨头，以及带有4根尖刺的强力尾巴来防御掠食者的攻击。剑龙长着像鸟一样的尖喙，但是喙里并没有牙齿，而是在嘴里的两侧有些小牙。剑龙虽然体长可达7米，但是头部非常小，脑容量甚至还比不上一只小狗，因此它不大聪明，或者说相当愚笨。

yì tè lóng
异特龙

异特龙，又名跃龙，是比霸王龙更早期的掠食性动物，身长9米左右，前肢粗壮且每根趾头上都生有利爪，可以毫不费力地撕开猎物，后肢十分强壮，能让其行动起来足够敏捷，粗大的尾巴还可以作为进攻的武器。

异特龙眼睛上方拥有角冠，其颅骨上有大型孔洞，可以有效减轻重量，且颅骨由几个分开的骨头组成，骨头之间有可活动的关节，进食时也可以更方便地吞下大型食物。

好妈妈就是好老师
在 11~13 岁时，睾丸素会再次迅速激增到出生时期那种高含量，开始第二次极速发育。这段时间，男孩子的身高会显著增加，声音变粗，长出胡须、喉结等，各种男性特征越来越明显。并且，男孩体内睾丸素这样高的含量一般会从 13 岁左右一直持续到 40 岁左右，之后才开始下降。

dì lóng
帝龙

睾丸素不仅保障了男孩子的身体顺利发育，同时也会引发不少“副作用”，比如：精力过剩、好奇心强、喜欢冒险、颇具破坏性、好胜心强、更具攻击性等。所以，我们要先研究、理解这些行为，才能更容易地找到合理的方式、方法去引导、帮助他们成长。

恐龙知识百科

帝龙是最古老、最原始的一种小型、具有羽毛的暴龙超科恐龙，体长只有1.5米左右，其皮肤上分别覆盖着鳞片和原始羽毛，羽毛痕迹可以在下颌及尾巴上明显观察到。当然，这些原始羽毛因缺少了中央羽轴而并不类似现今的鸟类羽毛，推测是用来保温而不是飞行的。

帝龙存在的事实既证明了暴龙类是由祖先的小型体态慢慢演化成巨大的形体，又再次证明了兽脚类恐龙和鸟类有着共同的祖先。

yā zuǐ lóng
鸭嘴龙

妈妈们要牢记，不能用自己的喜好来确定男孩的行为标准，不能因为自己的文静而讨厌男孩的好动。既然我们已经了解到，睾丸素是男孩坚实骨骼、强壮肌肉、充沛活力的保障，就要更理智地对待那些未必讨喜我们的行为。转变心态，尝试从心底里去接纳这个和母亲不太一样的小淘气包。在相对安全的情况下，要允许他宣泄精力、释放能量。

恐龙知识百科

鸭嘴龙是生活在白垩纪后期的草食性恐龙，其最大体长甚至可达22米，它的吻部由于前上颌骨和前齿骨的延伸和横向扩展，构成了宽阔的鸭嘴状吻端，故以此命名。

鸭嘴龙虽然可能四足行走，但是大部分古生物学家还是认为它们是两足行走，而且不会生活在水中，但是会把游泳当成是一种逃避捕猎者的有效手段。

鸭嘴龙的家庭观念很强，成年恐龙会很好地保护它们的巢穴，并且喂食幼龙直至它们成长到能够自行外出觅食为止。

kǒng zhuǎ lóng
恐爪龙

恐龙知识百科

恐爪龙属于驰龙科，生活在白垩纪中期，属于肉食性恐龙。别看它只有2米多长1米多高，现在越来越多的古生物学家认为，对于草食性动物来说，恐爪龙比霸王龙更加危险、更加凶恶。

恐爪龙智商颇高，动作异常敏捷，前肢拥有三个长利爪，下肢有单个形如镰刀状的利爪，且腕部关节非常灵活。当遭遇猎物时，它常常跃到猎物身上，以迅雷不及掩耳之势划破对方颈部或者掏挖对方内脏；猎物常常还没反应过来，就已经成为它的美餐了。

好妈妈
就是好老师
如果能每天抽一些时间来陪孩子运动，比如，跑步、打羽毛球、游泳，哪怕散步都是一件非常美妙的事情。孩子旺盛的精力需要用合理的渠道帮他们宣泄，同时，运动锻炼无论对促进孩子的身体发育还是保持大人的身体健康都是非常有益的方式，这样一举两得的好办法，真是不得不推荐分享。

bāo tóu lóng 包头龙

恐龙知识百科

包头龙，又名优头甲龙，生活在白垩纪晚期，是甲龙科最大的恐龙之一，体长可达6米左右，食素。

包头龙整个头部与身体都是由装甲带所保护，甚至可以覆盖其眼帘，但仍保持了一定的灵活性。其尾巴末端是一个骨质的棍棒，配合肌肉发达的尾部肌肉，可以有效地抵抗敌人的进攻。

好妈妈
就是好老师
我们常常会为男孩过于旺盛的精力担心，既怕发生意外，又怕影响到他们学习和做事。并不是说孩子精力旺盛就要随时好动，无法停歇，除了上述说到陪孩子运动，帮他们合理释放精力以外，也不要忘记对孩子进行自制力的培养。当然，这是一个长期工程，但我们要让孩子懂得，精力应该分配在哪些有效的环节上，而不能用来肆意发泄。

鱼龙不是恐龙，它广泛分布在三叠纪与侏罗纪之间，是一种类似鱼和海豚的大型海栖爬行动物，其四肢为鳍脚，擅长游泳，背鳍肉质，尾鳍上叶短、下叶长，颈极短，眼大，吻突出较长，牙齿尖锐，性情凶猛，以动物为食。

我国古生物学家在珠穆朗玛峰海拔 4800 米的高山上发现的“西藏喜马拉雅鱼龙”，是世界海拔最高的脊椎动物化石，以此证明该地区曾是一片汪洋大海。

恐龙知识百科

好妈妈
就是好老师
精力的宣泄不一定非要靠体力活动去宣泄，脑力活动其实也非常有效。练习书法、学习绘画、尝试摄影、下棋对弈、诵读美文等很多“文静”的方式，不但可以宣泄精力，还可以帮他们建立一定的自制力。可以选择孩子感兴趣的类别，采用引导的方式帮孩子介入这些领域，同时搭配运动能取得非常好的效果。

shé jǐng lóng

蛇颈龙

我们常常认为男孩子哭泣是一种软弱的表现，很多家长都希望男孩应该学会坚强和勇敢。其实，这对孩子是不公平的，上天赋予了人类哭泣的权利，这是一种情感（生理）宣泄的方式。只有当真正了解、体验过其中的滋味才能真正懂得，而随着懂得越多，孩子们才能真正成长。所以，不要从小剥夺孩子体验情感的权利。

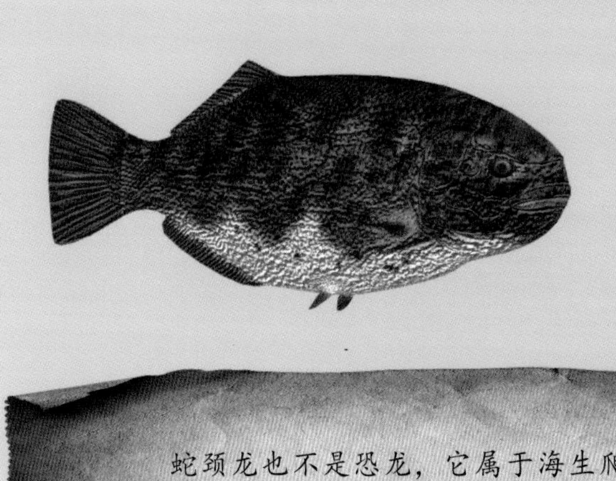

蛇颈龙也不是恐龙，它属于海生爬行类，一般生活在浅水环境中，体形硕大无比，个别种类可达 18 米。体躯宽扁，四肢成鳍脚，最有特色的是它修长而灵活的颈部。

蛇颈龙主要以鱼类作为食物，长长的脖子也方便它们不时从海底搜寻一些螃蟹、贝类等作为小吃。

传说中的尼斯湖水怪一向都是像蛇颈龙一样的生物。

恐龙知识百科

cāng lóng
沧龙

其实哭泣不单单是因为害怕、恐惧而形成的。失去亲人时候会痛哭，终于获得成功时候会泪流满面，被情景、情境感染时会润湿了眼眶。可见，哭泣是很多种情感的外放形式。另外，泪水中含有人体过度激素以及一些对人体有害的物质，流泪也具有排毒的功效，同时还可以缓解压力、减轻痛苦等。所以，我们应当科学对待。

恐龙知识百科

沧龙也不是恐龙，它是海洋中最为凶猛的爬行动物，号称“史前海洋三大霸主之一”，这种中生代海洋里的顶级掠食者虽然存在的历史很短，但却将很多比它历史悠久的海生爬行动物赶尽杀绝，如蛇颈龙。

沧龙拥有巨大的头部、强壮的颚与尖锐的牙齿，外形类似具有鳍状肢的巨型鳄鱼。目前已知最小类的沧龙身长只有3米多，而体形较大的沧龙，比如，霍夫曼沧龙，体长可达21米，重33吨。

有趣的是它的进化历程一直是个谜，研究人员发现它的祖先竟然是体长不足1米的达拉斯蜥蜴，经过数百万年的时间，慢慢从陆地生物演化成了这种巨大而凶猛的海洋生物。

bèi tiān yì lóng
蓓天翼龙

蓓天翼龙，又名翅龙，是三叠纪晚期的小型杂食性动物，属于会飞的爬虫类，生活在河谷、沼泽中，以捕食昆虫为生，尤其偏爱吃蜻蜓。蓓天翼龙是最早能真正振翅的翼龙，翼幅可达60厘米，但它拥有轻型骨骼，因此适于飞翔，体重也比较轻，只有100克左右。

恐龙知识百科

fēng shén yì lóng

风神翼龙

风神翼龙，又名披羽蛇翼龙，生存于白垩纪晚期，翅展超过 11 米，是人类已知最大的飞行动物。

很多人都将霸王龙当成最凶猛的终极猎手，然而据越来越细致的考古研究表明，除了前文提到聪明迅猛的恐爪龙可能更加危险之外，风神翼龙则站在了食物链更高的位置，因为它们时常以幼小的霸王龙为食。

风神翼龙巨大的双翼赋予了它长途滑翔的能力，然而它的足部非常小，很难抓住水中或是沼泽里的猎物，不仅如此，沉重的体重使其很难挣脱泥沼，一旦降落其中经常沉浸到死亡而无法自拔。另外，风神翼龙 3～4 米长的脖颈十分笨拙，并不能像海鸥一样在掠过海面的时候猎食鱼虾。因此，它更多以猎食陆地动物为生，在它看来，没有什么比一只 150 千克左右的小霸王龙更可口了。